高木奶奶的平底鍋料理食譜

NHK超人氣日本國民料理大師教你簡易做出80道私房美味

高木初江——著

大庭英子——監修

蔡麗蓉——譯

一口平底鍋在手
輕鬆搞定美味和食！

平底鍋原本是用來烹煮西式料理的鍋具，
非常適合用於煎炒食材。
鍋子的表面經過加工讓食材不易燒焦，
對於新手而言是最容易上手的料理器具，
更是蒸、煮、炸通用的萬能鍋具。
接著，就來介紹各種平底鍋的用法！

1 煮料理
可以完美上桌

平底鍋為寬口設計，可將食材全部擺入，就連脆弱的蔬菜也不會煮爛，料理完成後依舊能維持好看的外觀。而且要將食材先炒後煮時，只要使用表面加工後的平底鍋，就不必擔心肉類在炒過之後會黏在鍋底碎不成形或燒焦。

⇒可以做出這些菜！

馬鈴薯燉肉、蕪菁燉豆腐丸、壽喜燒、醬燒燜雞、滷豬肉、梅干沙丁魚、青花魚味噌煮、肉豆腐、滷南瓜、白蘿蔔土佐煮等等。

2 蒸料理
也難不倒它

一提到清蒸料理，大家是否以為一定得使用蒸鍋或是蒸籠呢？其實只要蓋上完全符合平底鍋大小的鍋蓋將蒸氣鎖住，就能簡單做出清蒸料理。用平底鍋蒸料理時，可在熱水煮滾後連同容器一起下鍋蒸，也能將食材直接倒入鍋中以少量水分蒸熟。

⇒可以做出這些菜！

茶碗蒸、香鮭蒸鮮蔬、清蒸甜蔬豬肉片、酒蒸蛤蜊、青蔥蒸鯛魚、豆腐蒸蝦、芝麻味噌茄子等等。

3 煎料理

三兩下完成

說到煎烤而成的和食，就會想到烤網和烤盤，但是對於初學者而言，這些用具並不容易操作。不過只要掌握一些訣竅，例如油的用量、火力大小以及翻面方式，那麼靠平底鍋也能完成具有金黃色澤且口感鬆軟的煎烤料理，事後整理更不費力。大家不妨經常做些煎烤料理，豐富餐桌的菜色。

⇒可以做出這些菜！

鹽燒秋刀魚、照燒雞肉、香煎串燒雞肉、串燒豬肉、蒲燒沙丁魚、油煎味噌鰆魚、章魚燒、玉子燒、香煎蓮藕肉餅等等。

4 汆燙、油炸

少水少油就行

基本上汆燙料理須準備大量熱開水，油炸料理也得使用大量的油來炸。但如果只是想準備 2 ～ 4 人份的家庭料理，其實平底鍋便足夠了。鍋底面積大的平底鍋可接觸到大範圍的爐火，因此水及油的加熱速度快，食材很快就能煮熟。

⇒可以做出這些菜！

〔汆燙〕涼拌小松菜、涼拌油菜花、味噌美乃滋青花菜、芝麻拌菠菜等等。
〔油炸〕風味炸雞、紫蘇雞胸天婦羅、炸竹筴魚、龍田風炸青花魚、涼拌茄子等等。

高木奶奶的平底鍋料理食譜
contents

烹調出美味
日式菜餚
的技巧

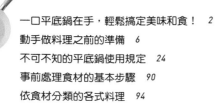

精選食材的
和食食譜
70 道

肉

動手做料理之前的準備

準備 2 口大小不同的平底鍋以便使用

表面加工的平底鍋不易沾鍋且容易保養，因此非常推薦給新手使用。烹煮 2 人份的料理時，最好準備直徑 24～26cm 與直徑 18cm～20cm 這 2 種尺寸，而且稍具厚度的平底鍋，操作起來會比較方便。此外還需要有符合平底鍋尺寸、耐熱玻璃材質的鍋蓋，可觀察鍋內的烹煮情形。

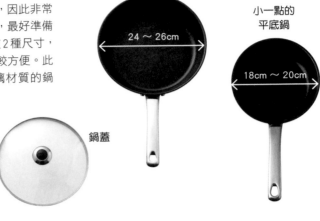

平底鍋
24～26cm

小一點的
平底鍋
18cm～20cm

鍋蓋

基本的火力調整方式

火力大小可觀察火焰接觸平底鍋鍋底的狀態加以判斷。請注意，瓦斯全開並不一定為大火。而稍強的中火意指落在大火與中火之間的火力，稍弱的中火則意指落在中火與小火之間的火力。

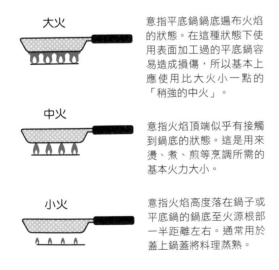

大火

意指平底鍋鍋底遍布火焰的狀態。在這種狀態下使用表面加工過的平底鍋容易造成損傷，所以基本上應使用比大火小一點的「稍強的中火」。

中火

意指火焰頂端似乎有接觸到鍋底的狀態。這是用來燙、煮、煎等烹調所需的基本火力大小。

小火

意指火焰高度落在鍋子或平底鍋的鍋底至火源根部一半距離左右。通常用於蓋上鍋蓋將料理蒸熟。

＊使用 IH 調理爐時，顯示火力的標示刻度會依各廠牌而異，火力（瓦數）較難預設。請仔細參閱使用說明書後再行使用。

分量測量單位

本書使用的量杯為 200ml，1 大匙為 15ml，1 小匙為 5ml。1ml ＝ 1cc。

煮高湯的方式

本書使用的高湯為昆布柴魚風味高湯。使用市售高湯粉時，請參考標示比例用水加以稀釋。如以昆布及柴魚片熬煮高湯時，請參閱下述作法（約 3 杯分），建議大家事先大量準備保存，方便取用。

1　將 3 又 1/2 杯水及 1～2 片昆布（5cm 的四方形）倒入鍋中，浸泡 1～2 小時備用。接著以小火加熱，在快要煮滾的前一刻將昆布取出。

2　倒入 8g 柴魚片，煮滾後將火關小，接著煮約 2 分鐘後熄火。

3　待柴魚片下沉後，以萬能濾網（或是網目較細的網篩）過濾。

保存　倒入密封容器中再放入冰箱冷藏保存，並在 2～3 天內使用完畢。

烹調出美味
日式菜餚
的技巧

不管是煮、煎、蒸、炸、炒或是燙，
平底鍋樣樣都能做到。
就讓我們先透過各種經典料理，
好好學習使用平底鍋做菜的技巧吧！
掌握平底鍋的烹調秘訣後，
肯定能做出更加豐富的日式美味。

煮

馬鈴薯燉肉

鬆軟的馬鈴薯吸飽牛肉的鮮味後，成就出這道分量十足的燉煮料理。
調味料分次下鍋，先讓甜味滲透進食材裡，味道會更加有層次。

材料（2～3人份）

牛肉片 … 200g
馬鈴薯 …（大）3 個（500g）
紅蘿蔔 …（小）1 根（120g）
洋蔥 …（小）1 個（120g）
沙拉油 … 1/2 大匙
酒 … 2 大匙
砂糖 … 1 大匙
味醂 … 2 大匙
醬油 … 3 大匙

用平底鍋炒肉
就不會沾鍋！

a

作法

1 馬鈴薯切成 4 等分，泡水約 10 分
鐘。紅蘿蔔切滾刀塊；洋蔥縱切成 8
等分的月牙形。接著將馬鈴薯放在濾
網上，並將水分擦乾。

2 將沙拉油倒入平底鍋中以中火燒
熱，再倒入牛肉炒散（a）。待牛肉
變色後，再加入馬鈴薯、紅蘿蔔、洋
蔥上下翻炒（b）。

3 翻炒均勻後加入酒、2/3 ～ 1 杯水
煮滾，再放入砂糖、味醂，蓋上鍋蓋
以小火煮約 8 分鐘（c）。最後加入
醬油拌勻，蓋回鍋蓋繼續煮 8 ～ 10
分鐘，直到馬鈴薯變軟為止。

〔1 人份 430kcal　用時 35 分〕

b

c

蓋上鍋蓋可以鎖住蒸氣，即使
滷汁少也能將馬鈴薯煮軟。

平底鍋
m e m o

應選擇尺寸相符的鍋蓋

煮東西或蒸東西都少不了鍋蓋,選擇適合平底鍋尺寸的鍋蓋,可鎖住熱能減少滷汁的蒸發,有效率地將食物煮熟。雖然也能使用鍋子的鍋蓋來代替,但是最好與平底鍋同時購買比較不會有問題。而且使用耐熱玻璃製成的鍋蓋可方便觀察鍋中的烹調狀態,例如滷汁還剩多少分量等。

＊耐熱玻璃材質的鍋蓋可觀察鍋內的烹調狀態。

蕪菁燉豆腐丸

使用寬口設計的平底鍋，可將蕪菁擺入鍋中避免煮散，
使充滿高湯風味的滷汁完全滲透進食材。

材料（2 人份）

蕪菁 … 3 個 *
冷凍蔬菜豆腐丸 … （小）4 個（120g）
甜豆 … 8 個（70g）
昆布（5cm 的四方形）… 1 片
柴魚片（裝入沖茶袋中／見下說明）
　　… 10g

鹽 … 少許

A ┌ 味醂 … 2 大匙
　├ 醬油 … 1 小匙
　└ 鹽 … 1/2 小匙

＊保留約 3cm 的莖部並除去葉
片後約為 300g。

作法

1 蕪菁保留 3cm 的莖部，將葉片切除，接著去皮並縱切成 4 等分半月形，然後泡水 5 ～ 10 分鐘除泥，再將水分瀝乾。甜豆去蒂及兩側的粗絲。

2 將 3 杯熱水倒入較小的平底鍋中煮滾後加入鹽，再倒入甜豆清燙約 2 分鐘，然後放在濾網上。

3 將作法 2 的平底鍋快速洗淨，倒入 1 又 2/3 杯水、昆布、柴魚片、蕪菁以中火加熱（a）。煮滾後蓋上鍋蓋，並以小火煮約 3 分鐘。接著加入冷凍蔬菜豆腐丸，煮滾後放入材料A（b），然後蓋回鍋蓋煮約 5 ～ 6 分鐘。再放進作法 2 的甜豆（c），煮滾後熄火。撈除昆布、柴魚片後盛盤。

〔1 人份 220kcal　用時 30 分〕

昆布與柴魚片一同倒入鍋中，一邊熬煮高湯一邊將蕪菁煮熟。

a

b

蕪菁煮到 5 分熟後，加入冷凍蔬菜豆腐丸、調味料繼續清燉。

c

沖茶袋（包）

用不織布製成的小袋子，熬煮高湯時可將柴魚片等食材倒入袋中，熬煮後將整個袋子取出即可，以節省過濾的時間。也能裝入茶葉用來泡茶。

＊放入柴魚片的樣子。

煎

鹽燒秋刀魚

煎出金黃色澤的秘訣在於先將平底鍋充分加熱，再將秋刀魚下鍋。
靜待片刻後輕巧翻面，就可煎出酥脆可口的魚皮。

材料（2人份）

秋刀魚 … 2尾（300g）
鹽 … 1/2 小匙
沙拉油 … 少許
白蘿蔔（磨成泥）… 200g
醋橘 … 1個
醬油 … 適量

作法

1 秋刀魚用水洗淨，以廚房紙巾擦乾，切成一半長度後，兩面撒鹽。白蘿蔔泥稍微瀝乾水分，醋橘橫切對半。

2 在平底鍋內塗上薄薄一層沙拉油後以中火燒熱。用水將調理筷稍微沾濕，接著用筷子前端碰觸平底鍋，待發出油爆聲後，將秋刀魚盛盤時預計朝上的那一面（盛盤時頭部朝左，腹部朝向自己）貼在鍋底，再以稍強的中火煎2～3分鐘，接著蓋上鍋蓋轉成小火，煎約3分鐘（a）。

3 用鍋鏟及調理筷將秋刀魚翻面（b），不需蓋回鍋蓋直接以稍強的中火煎約3分鐘，並用廚房紙巾將多餘的油脂擦掉（c）。

4 將秋刀魚盛盤，並搭配上白蘿蔔泥、醋橘，再依個人喜好將醬油淋在白蘿蔔泥上。

〔1人份 270kcal　用時 15分〕

表面以稍強的中火油煎後，再以小火加熱至熟透。

煎竹筴魚乾

煎魚乾時不加油也 OK！
使用中火，從魚肉處開始煎。

⋯材料⋯（2 人份）

竹筴魚乾
　… 2 片（260g）
白蘿蔔（磨成泥）
　… 120g
檸檬（切成半月形）
　… 2 塊
醬油 … 適量

⋯作法⋯

1 竹筴魚乾的魚皮朝上擺入平底鍋中，以中火加熱。煎 4～5 分鐘，待上色後翻面，再煎約 4 分鐘。等到魚皮煎至上色後即可。

2 盛盤，搭配上稍微瀝乾水分的白蘿蔔泥、檸檬，並依個人喜好將醬油淋在白蘿蔔泥上。

〔1 人份 130kcal　用時 10 分〕

最後打開鍋蓋，一邊擦油脂一邊煎，這樣就能煎出酥脆的魚皮了。

照燒雞肉

閃耀著動人光澤的照燒醬汁，令人胃口大開。
快來學學怎麼用平底鍋煎出外酥內軟的雞肉吧！

..材料.. （2 人份）

雞腿肉 …（大）1 片（300 ～ 350g）

A
┌ 味醂 … 2 大匙
│ 醬油 … 1 又 2/3 大匙
│ 酒 … 1 大匙
│ 砂糖 … 1/2 大匙
└ 薑汁 … 1 小匙

沙拉油 … 少許

蕪菁 … 1 個

..作法..

1 雞肉在烹調前 30 分鐘左右從冰箱取出回溫。去除多餘的脂肪，再劃上 4 ～ 5 條淺刀痕後去筋（參閱 P.90）。材料 A 拌勻備用。

2 將沙拉油倒入平底鍋中以中火燒熱，再將雞皮朝下放入鍋中。一邊以鍋鏟按壓整塊雞肉一邊煎 3 ～ 4 分鐘（a）。待上色後翻面，再蓋上鍋蓋以小火蒸烤 5 ～ 6 分鐘（b）。

3 熄火，加入事先混合均勻的材料 A（c），一邊晃動平底鍋一邊將醬汁熬煮至濃稠為止。

4 蕪菁保留 5cm 的莖部並切除葉片，連皮縱切成 6 等分的半月形，接著泡水約 5 ～ 10 分鐘，並充分洗淨。取出作法 3 的雞肉後縱切對半，片切成 1cm 厚。搭配蕪菁盛盤，並淋上平底鍋中剩餘的醬汁。

〔1 人份 380kcal 用時 30 分（不包含雞肉回溫的時間）〕

用鍋鏟按壓使雞皮緊貼在平底鍋上才能均勻受熱，煎出好看的金黃色。

a

b

較厚的雞肉須蓋上鍋蓋慢慢加熱至內部熟透為止。

c

蒸

茶碗蒸

蛋液融入了牛奶的濃醇香，
再搭配雞絞肉的鮮味，
不用高湯也能完成口感十足的茶碗蒸。

材料 （2 人份）

蛋液	雞絞肉 … 80g
雞蛋 … 1 個	青蔥（蔥花）… 6cm 的分量
牛奶 … 2/3 杯	酒 … 1 大匙
酒 … 1 小匙	A 鹽 … 1/6 小匙
鹽 … 1/6 小匙	胡椒 … 少許

作法

1 雞絞肉、青蔥、材料 A 倒入調理盆中拌勻，再分成 2 等分後稍微揉圓，分別放入 2 個耐熱容器中。

2 調製蛋液。牛奶、酒、鹽倒入調理盆中，充分拌勻後加入鹽。接著將雞蛋打入另一個調理盆中打散，然後慢慢加入已調味好的牛奶攪拌，並以細網目的濾網過篩。

3 將作法 2 的蛋液平均注入作法 1 的耐熱容器中（a）。沉到底部的肉餡會在加熱後浮起。表面浮現泡沫時須用竹籤刺破。

4 將水倒入平底鍋中，達鍋沿一半高度，以稍強的中火加熱並煮滾。暫時熄火後將作法 3 擺入鍋中（b），蓋上鍋蓋時須將竹籤夾在鍋蓋與平底鍋之間。以中火蒸約 2 分鐘，再以小火繼續蒸約 12 分鐘（c）。

〔1 人份 160kcal　用時 30 分〕

※ 取出茶碗蒸時應打開鍋蓋使蒸氣散出，再將鍋鏟伸進容器下方，同時用隔熱手套扶著容器取出。須小心拿取，避免燙傷。

a

b

c

將容器直接放入熱水中。在開火的狀態下放入容器很容易燙傷，請特別小心！

打開一點縫隙可適度排除蒸氣使溫度下降，減少形成氣泡（孔洞）的可能性。

平底鍋
m
e
m
o

請選擇耐熱且造型簡單的容器

放入平底鍋中蒸煮的容器務必使用耐熱材質,不可使用不耐熱的玻璃製品或漆器。未上釉藥的陶器或是造型特殊的容器,由於熱量不容易平均傳遞,並不適合用來烹調茶碗蒸。另外容器下方的底座部分較高的容器不容易加熱,使用時也須特別留意。建議使用類似蕎麥麵杯或茶杯等造型簡單的瓷器。

＊最好使用造型簡單的瓷器。

＊底座較高的容器、造型特殊的容器都不適用。

平底鍋 memo

鋪上蔬菜就能簡單製作清蒸料理

將蔬菜鋪在平底鍋內,以少量水分及蔬菜水分蒸煮,就能完成好吃的清蒸料理。蔬菜除了使用高麗菜外,也能選擇鮮香菇、洋蔥、馬鈴薯等水分含量多的蔬菜。也建議大家使用鮭魚等整片魚肉,如此一來才能與蔬菜在差不多相同的時間內蒸熟。除了蔬菜之外,鋪上容易釋出水分的豆腐也是不錯的選擇。

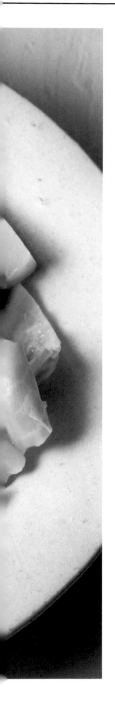

香鮭蒸鮮蔬

先將鮭魚用味噌及醬油醃漬入味，再擺在高麗菜上蒸。
鮭魚在穩定加熱之下，完全不用擔心燒焦或魚肉散開的問題。

材料 （2 人份）

生鮭魚（整片魚肉）… 2 片（200g）
高麗菜 … 300g

A ┌ 味噌 … 2 大匙
  │ 味醂 … 1 大匙
  │ 酒 … 1 大匙
  │ 麻油 … 2/3 大匙
  │ 砂糖 … 1 小匙
  └ 生薑（磨成泥）… 1 小匙

酒 … 2 大匙

作法

1 鮭魚以廚房紙巾擦乾水分。將材料 A 的味噌倒入調理盆中，再加入剩餘材料充分混合均勻，再放入鮭魚沾裹醃料使之入味。

2 高麗菜切成 4 ～ 5cm 的四方形，再放入平底鍋中鋪平，接著連同醃料將作法 1 的鮭魚擺在高麗菜上（a），然後將酒、2 大匙水以畫圓方式淋在高麗菜上（b）。

3 蓋上鍋蓋（c）以中火加熱，煮滾後轉成小火，蒸 10 ～ 12 分鐘。

〔1 人份 270kcal　用時 20 分〕

酒加水為 60ml。
水分太少高麗菜容易燒焦，
水分太多高麗菜則會變得軟爛。

a

b

c

蓋上鍋蓋後開火將熱氣完全鎖在鍋中。
煮滾後一看到蒸氣出現就要轉成小火。

炸

風味炸雞

醬油風味的炸雞總是叫人百吃不膩。
翻面讓整塊雞肉受熱更平均，
只用少少的油也能炸得酥脆美味！

材料（2～3 人份）

雞腿肉 … 2 片（600g）

A
- 酒 … 1 大匙
- 醬油 … 1 大匙
- 薑汁 … 1 小匙
- 鹽 … 1/4 小匙

太白粉 … 適量
沙拉油 … 適量
萵苣 … 3 片

作法

1 雞肉切除多餘脂肪（參閱 P.90），並將 1 片雞肉切成 6 等分。將材料 A 倒入調理盆中混合均勻，再放入雞肉用手按摩，並靜置約 30 分鐘使之入味。接著用廚房紙巾將雞肉的水分擦乾、撒上太白粉，然後輕輕拍打，只要裹上薄薄一層太白粉即可。

2 將沙拉油倒入平底鍋中，達鍋沿一半高度為止，再以中火加熱至 170℃（見下說明），接著將作法 1 的雞肉分塊放入鍋中（a）。等全部雞肉都放入鍋中後轉成稍弱的中火炸 6 ～ 7 分鐘，表面固定後需不時翻面（b）。

3 待油泡變少後將火轉大，炸約 30 秒鐘（c）。當所有的雞塊都變成金黃色澤且外皮酥脆後取出，放在鋪有廚房紙巾的方盤上瀝油。

4 盛盤，並搭配上切成小片方便食用的萵苣。

〔1 人份 530kcal 用時 50 分〕

用手小心地將雞肉一塊塊放入鍋中。雞肉只要一放入鍋中，即便油量少也會浮上來。

a

b

最後將油溫拉高，即可炸出酥脆的雞塊。

c

memo 平底鍋

用調理筷確認炸油溫度

使用調理筷即可簡單確認油溫。請將調理筷的前端用水沾濕，再以布巾擦乾水分後伸進油中，依此時冒出來的油泡狀態判斷油溫。用水沾濕才會冒出油泡，不過調理筷沾濕後沒有擦乾可能會讓油爆出，十分危險，所以特別提醒大家記得擦乾水分。

＊調理筷的前端沾濕後需擦乾水分再伸進油中。

＊中溫（約 170℃）會立刻冒出細小油泡（如圖），這種基本溫度適用於許多炸物。

炒

金平牛蒡絲

金平牛蒡絲可以品嚐到牛蒡的香氣及口感。
切成細絲後才容易煮熟，口感也會更好。

材料 （2人份）

牛蒡 … （大）1根（250g）
紅辣椒 … 1根
A ┌ 味醂 … 2大匙
　├ 砂糖 … 1小匙
　└ 醬油 … 2大匙
沙拉油 … 1大匙
白芝麻 … 1小匙

作法

1 牛蒡刮除外皮後洗淨，斜切成厚後
2～3mm再切絲，接著泡水約3分鐘，
再沖洗一下並瀝乾水分，然後將水分
擦乾。紅辣椒去籽後切成5mm寬的
片狀。

2 沙拉油倒入平底鍋中以中火燒熱，
再倒入牛蒡拌炒（a）。待牛蒡變透
明後加入紅辣椒，接著拌炒一下，再
依序加入1/3杯水、材料A。

3 一邊攪拌一邊炒至湯汁收乾。最後
撒上芝麻拌勻（b）。

〔1人份 190kcal 用時15分〕

待平底鍋底部的
湯汁收乾後便完成了。

燙

涼拌小松菜

底部面積大的平底鍋煮滾速度快，短時間就能將食材燙熟。
切記要少量分批下鍋煮，不要一次放入所有食材。

熱水分量較少，
所以小松菜需分 2 次放入鍋中。
清燙時上下翻面使食材均勻受熱。

a

b

...材料...（2 人份）

小松菜 …（小）1 把（200g）
鹽 … 1/2 小匙
柴魚片 … 5g
醬油 … 1 ～ 2 小匙

...作法...

1 小松菜在根部劃入十字刀痕，泡水約 10 分鐘後將根部的泥土除去，再清洗一下並瀝乾水分。

2 將 5 ～ 6 杯熱水倒入平底鍋，煮滾後放鹽，再加入 1/2 分量的小松菜燙約 1 分鐘，待小松菜變軟後翻面（a）受熱，然後撈起放入冷水中冷卻（b），剩下的小松菜也依照相同作法燙熟後冷卻。

3 擠乾水分，切成 3 ～ 4cm 長後盛盤，並擺上柴魚片再淋上醬油。

〔1 人份 25kcal 用時 15 分〕

不可不知的平底鍋使用規定

1

嚴禁空燒

使用表面加工過的平底鍋時,請大家留意空燒的問題。平底鍋內沒放任何食材便加熱的話,溫度會立刻升高,容易使表面加工材質受損。火焰超出鍋底的大火也容易造成平底鍋損傷,因此請多加注意。

＊不可以沒放任何食材就加熱!

規定 2

不能使用金屬材質鍋鏟

用平底鍋做菜一定會用到刮刀或鍋鏟,但是表面加工的平底鍋不可以使用金屬製鍋鏟,請使用耐熱溫度高的矽膠製或木製鍋鏟。雖然某些平底鍋也能使用金屬鍋鏟,但是有銳角的鍋鏟容易使平底鍋受損,最好避免使用。夾子及調理筷也是一樣道理。

規定 3

使用柔軟的海綿清洗

在平底鍋剛煮完還熱熱的時候注入冷水的話,表面的加工材質容易損傷。應等平底鍋冷卻後,趁著髒汙還沒有卡住時用廚房紙巾擦乾淨,再用柔軟的海綿沾取中性清潔劑加以清洗。用海綿粗糙面用力刷洗,會損傷平底鍋,請特別留意。

規定 4

務必用布巾擦乾水分

平底鍋洗完後需用乾布巾將水分擦乾。唯有鐵製的平底鍋才能開火將水分燒乾,否則表面加工的平底鍋就會如同空燒一樣造成損傷,因此不可燒乾。

精選食材的
和食食譜
70道

還在煩惱今天要準備什麼嗎？
請依照你想吃的食材來挑選食譜吧！
用平底鍋任何菜餚都做得出來喔！
相信你一定能找到最適合端上餐桌的菜色。
先學會不同食材的烹調重點，
總有一天你也能成為和食高手。

煎出金黃色澤，煮至軟嫩口感，讓肉類料理多汁又美味。
本章節將為大家介紹眾多分量十足的和食，讓肉類的美味發揮至極限。

肉
食譜

肉
牛肉（牛排用）

和風嫩煎牛排 〔煎〕

切成大塊的牛排擺入瓷盤，
再搭配白蘿蔔泥與山葵醬油品嚐清爽好滋味。

材料（2人份）

牛肉＊（牛排用）
… （1.5cm厚）1片（300g）
鹽、胡椒…各少許
白蘿蔔（磨成泥）… 200g
鮮香菇… 4朵
沙拉油… 1小匙
山葵… 少許
醬油… 適量

＊比方像是沙朗牛肉，且最好選用霜降等級。
如果使用的是脂肪少的瘦肉部分，最好回溫
20～30分鐘，此外用稍弱的中火油煎表面
的時間需稍微拉長一些。

作法

1 牛肉在烹調前10分鐘從冰箱取出回溫（參閱P.90）。香菇切除根部較硬部位再縱切對半。白蘿蔔泥稍微瀝乾水分。牛肉兩面撒上少量鹽及胡椒。

2 沙拉油倒入鍋中以中火燒熱，倒入牛肉、香菇後轉成稍強的中火，並不時移動牛肉煎約1分鐘。接著轉成稍弱的中火煎約30秒後翻面（如圖），然後再次轉成稍強的中火煎約1分鐘。

3 取出牛肉放在方盤上，香菇煎至上色後翻面再煎熟。牛肉靜置約5分鐘，等到肉汁不會溢出，再分切成方便食用的大小。

4 將牛肉及香菇盛盤，並搭配白蘿蔔泥、山葵、醬油。

〔1人份540kcal 用時20分（不包含牛肉回溫時間、煎完後的靜置時間）〕

等到煎至金黃色後
翻面1次即可。

壽喜燒 〔煮〕

依序加入調味料，按照食譜簡單操作。
好吃的壽喜燒就能順利完成！

牛肉撒糖後再煎，可使甜味融入肉中，
並釋放出香氣。

材料（2～3人份）

牛肉（壽喜燒用）… 300g
蒟蒻絲 … 1袋（200g）
鹽 … 1小匙
青蔥 … 2～3根
鮮香菇 … 6朵
春菊 … （小）1把（150g）
烤豆腐 … 1塊（300g）
牛脂＊ … 適量
砂糖 … 1～2大匙
A ┌ 酒 … 4大匙
　├ 味醂 … 4大匙
　└ 醬油 … 3～4大匙
雞蛋 … 2～3個

＊牛的脂肪。大多會附在壽喜燒的肉品當中。

作法

1 蒟蒻絲切成方便食用的長度，撒鹽搓揉一下，再用水沖洗並瀝乾。接著倒入鍋中，注入可淹過蒟蒻絲的水，開中火加熱。煮滾後轉小火燙約5分鐘後瀝乾。青蔥斜切成2cm厚。香菇切除根部再於傘面劃入刀痕。春菊摘下葉片泡冷水約5分鐘後瀝乾。烤豆縱切對半，再從邊緣切成2cm寬。

2 將作法1的平底鍋快速洗淨後擦乾，倒入牛脂以中火加熱至融化。接著放入青蔥兩面煎至上色，熄火後取出。將鍋快速擦淨，然後再次以中火將牛脂燒熱，倒入牛肉煎散。待變色後撒上砂糖（如圖），使砂糖沾裹在牛肉上煎熟。

3 依序加入材料A，再倒入烤豆腐、蒟蒻絲、香菇，香菇變軟後加入作法2的青蔥、春菊煮一下。放入雞蛋打散，再沾著蛋液享用。湯汁煮乾時加入適量高湯（也可加入水或酒）即可。

〔1人份 600kcal　用時20分〕

肉　牛肉（壽喜燒用）

香煎串燒雞肉 煎 🍳

洋蔥的甜味及口造就畫龍點睛的效果，
幫助你煎出如同專業居酒屋一般，汁多味美的雞腿肉。

有間隔的擺入鍋中
才容易煎熟。

肉
雞腿肉

材料（2 人份）
雞腿肉…（大）1 片（300g）
洋蔥…（大）1/2 個（120g）
沙拉油… 2/3 大匙
鹽… 適量
檸檬（切成半月形）… 1/2 個

作法

1 雞肉去除多餘脂肪（參閱 P.90），再切成約 2cm 的塊狀。洋蔥切成 3 等分將纖維切斷，接著每 2 片剝開，並沿著纖維切成 2～2.5cm 寬。

2 將 1 塊雞肉與 1 塊洋蔥（2 片）交叉串在竹籤上。肉與洋蔥要稍微分開，以便容易煎熟。

3 沙拉油倒入平底鍋開中火燒熱，再將作法 2 一支支間隔擺入鍋中（如圖）。煎約 3 分鐘轉小火，接著繼續煎約 3 分鐘。

4 待上色後翻面，再次以中火煎 2～3 分鐘，接著轉小火煎 3～4 分鐘。熄火，兩面撒上少許的鹽，搭配上檸檬盛盤。

〔1 人份 360kcal　用時 15 分〕

醬燒燜雞  煮

醬燒燜雞是將雞肉先煎再煮，也稱作筑前煮。
又甜又辣風味十足，冷掉了也好吃，最適合用作宴客料理及便當菜。

材料 （2～3人份）

雞腿肉 … 1 片（250g）
乾香菇 … 4 朵
蒟蒻 … 1/2 片（150g）
鹽 … 1 小匙
紅蘿蔔 … （小）1 根（120g）
牛蒡 … （小）1 根（80g）
生薑 … （小）1/2 小塊
沙拉油 … 1 大匙
酒 … 2 大匙
砂糖 … 1～1 又 1/2 大匙
醬油 … 2 大匙

作法

1 乾香菇用水沖洗一下，浸泡在大量水中，再放入冰箱冷藏 6 小時～一晚泡發。蒟蒻用湯匙撕成一口大小，撒鹽後用手搓揉，接著用水洗淨放入平底鍋中，再加入可淹過蒟蒻的水量以中火加熱，煮滾後用稍弱的中火燙約 5 分鐘後瀝乾水分。

2 雞肉去除多餘脂肪（參閱 P.90），再切成 3～4cm 的塊狀。作法 1 的香菇稍微擠乾水分，去蒂後切成一半。紅蘿蔔切成 1cm 厚的圓片狀。牛蒡刮除外皮後洗淨，再斜切成 1cm 厚，泡水 3～5 分鐘後瀝乾。生薑切絲。

肉與蔬菜出現光澤後
再加入水熬煮。
善用雞肉的鮮甜味即可省略高湯。

3 將作法 1 的平底鍋快速洗淨後擦乾水分，並以中火將沙拉油燒熱，再將雞肉的雞皮朝下放入鍋中，兩面分別煎 2 分鐘左右。加入作法 2 的蔬菜、作法 1 的蒟蒻後拌炒一下，炒勻後加入酒、1/2 杯水（如圖）。

4 煮滾後加入砂糖拌勻，再蓋上鍋蓋以小火煮 6～8 分鐘。接著加入醬油，再蓋上鍋蓋煮 10～12 分鐘。若有殘留醬汁，則需打開鍋蓋以中火收乾。

〔1人份 260kcal　用時 45 分（不包含乾香菇泡發時間）〕

肉
雞胸肉

汆燙雞胸佐海帶芽 燙

用辛香蔬菜壓過腥味,再蓋上鍋蓋直接放涼即可維持濕潤口感。
最後如同刺身一樣搭配調味料與醬油盡情享用。

材料 (2 人份)

雞胸肉…(大)1 片(300g)

A
- 酒…2 大匙
- 鹽…少許
- 青蔥(蔥綠部分)…6 ~ 7cm
- 薑皮…少許

海帶芽(鹽漬)…30g
蘘荷…2 個
青紫蘇…4 片
生薑(磨成泥)…適量
柚子胡椒…適量
醬油…適量

作法

1 雞肉在烹調前 30 分鐘左右從冰箱取出回溫(參閱 P.90),接著雞皮朝下放入較小的平底鍋中,再加入材料 A、1 杯水後蓋上鍋蓋以中火加熱(如圖),煮滾後以小火蒸煮 10 ~ 12 分鐘。熄火,並直接放著冷卻。

以少量水分蒸煮可減少鮮味的流失。

2 海帶芽用水洗淨,泡在大量水中約 5 分鐘泡發,接著擠乾水分切成 3cm 長。蘘荷縱切成薄片,泡冷水約 3 分鐘後瀝乾。

3 取出作法 1 的雞肉,依個人喜好去皮後切成 4 ~ 5cm 厚。將作法 2、青紫蘇一起盛盤,再搭配上生薑、柚子胡椒、醬油,並依個人喜好沾取食用。

〔1 人份 170kcal 用時 45 分(不包含雞肉回溫時間)〕

紫蘇雞胸天婦羅

將雞胸肉裹上青紫蘇的麵衣，炸成香氣四溢的天婦羅。
麵衣鎖住了肉的鮮甜及水分，使容易乾柴的雞胸肉也能多汁又美味。

材料 （2 人份）

雞胸肉 … 1 片（250g）

A ┌ 酒 … 1/2 大匙
　└ 鹽 … 1/4 小匙

麵衣
┌ 雞蛋 … 1 個
│ 鹽 … 1/4 小匙
│ 麵粉 … 1 杯
└ 青紫蘇 … 10 片

沙拉油 … 適量

★ 170℃的辨識方式：將用水沾濕再擦乾
的調理筷伸進油鍋中會立刻出現細小油
泡的狀態（參閱 P.21）。

作法

1 雞肉縱切對半，再片成 1 ～ 1.5cm 厚（如圖）。拌入材料 A，靜置 5 ～ 10 分鐘使之入味。

2 調製麵衣。青紫蘇切除葉梗後縱切對半再切絲。雞蛋打散，加 2/3 杯水再倒入調理盆中。接著加鹽拌勻，放入麵粉翻拌均勻後倒入青紫蘇。

雞肉片開來比較容易炸熟，
且少油也可炸至酥脆。

3 將沙拉油倒入平底鍋中達 2cm 高，再加熱至 170℃左右*，接著將一片片雞肉裹上作法 2 的麵衣再下鍋油炸。放入 1/2 分量的雞肉後，一邊翻面一邊炸 2 ～ 3 分鐘，取出後瀝乾油脂。剩下的雞肉也要依照相同作法炸熟。

〔1 人份 510kcal　用時 25 分〕

明太子雞里肌肉餅  煎

口味清爽的雞里肌搭配明太子的鮮味與鹹味，再點綴上青紫蘇，
切口處不但色彩繽紛，更能成為餐桌上的亮點。

材料 （2人份）

雞里肌 … （大）4 條（200g）
辣味明太子 … （大）1/2 付（50g）
青紫蘇 … 8 片
沙拉油 … 1 大匙

作法

1 在辣味明太子的外皮劃入刀痕，取出內部魚卵。青紫蘇切除葉梗。雞里肌如有帶筋須事先去除，再縱向劃出刀痕，接著往左右劃上刀痕片開（參閱 P.90）。

2 雞里肌縱向擺好，再分別擺上 2 片青紫蘇，並在較遠的一側分別擺上 1/4 分量的明太子，接著

從靠近自己的一側往外對折（如圖）。

3 沙拉油倒入鍋中以中火燒熱，再將作法 2 擺入煎約 3 分鐘後翻面，接著繼續煎 2 ～ 3 分鐘。最後依個人喜好分切盛盤。

〔1 人份 190kcal 用時 15 分〕

雞里肌切成薄片才容易煎熟，
也容易夾入內餡。

檸檬風味烤雞翅  煎

y

雞翅煎至酥脆，再淋上大量檸檬汁營造清爽風味。
帶骨雞肉的好滋味輕鬆就能品嚐得到。

材料 （2 人份）

雞翅 … 6 根（360g）
糯米椒 … 6 根
沙拉油 … 1/2 大匙
鹽 … 1/2 小匙
胡椒 … 少許
檸檬汁 … 1/4 個的分量
檸檬（切成半月形）… 1/4 個

作法

1 在雞翅肉多的部分兩面各劃出 1 條刀痕（參閱 P.90）。糯米椒切除蒂頭的頂端，使長度一致。

2 沙拉油倒入平底鍋中以中火燒熱，再將雞翅外皮較厚的那面朝下擺入鍋中。用比平底鍋小一點的平面鍋蓋直接蓋上去，煎約 5 分鐘（如圖）。打開鍋蓋後翻面，然後再次蓋上鍋蓋煎約 5 分鐘。

3 加入糯米椒，以稍強的中火全部炒勻。待糯米椒變軟後撒上鹽、胡椒，接著取出糯米椒熄火，淋上檸檬汁後快速拌勻。將雞翅與糯米椒配上檸檬後盛盤。

〔1 人份 240kcal 用時 20 分〕

蓋上鍋蓋
使雞翅緊貼在平底鍋上
即可煎出酥脆外皮。

肉
雞翅

薑燒豬肉 煎

生薑風味又甜又辣，堪稱最佳下飯聖品。
最後一刻再加入生薑，才能使香氣完全發揮出來。

等到肉煎至上色後再加入醬汁，
接著一邊加熱一邊迅速裹上醬汁

肉
豬里肌

材料（2 人份）

豬里肌（薑燒豬肉用）
　…6～8 片（250g）
高麗菜…1/8 個（150g）
番茄…1/2 個
A
　醬油…2 大匙
　酒…2 大匙
　味醂…1 大匙
　砂糖…1/2 大匙
生薑（磨成泥）…1 小匙
太白粉…適量
沙拉油…適量

作法

1 高麗菜切絲，泡在冷水裡備用增添爽脆度，接著放上濾網瀝乾。番茄去蒂、切成 1cm 厚半月形。豬肉在瘦肉及脂肪間用菜刀刺 4～5 刀斷筋（參閱 P.90），並於兩面撒上一層薄太白粉，接著用手輕輕按壓使太白粉與豬肉結合。材料 A 拌勻備用。

2 1/2 大匙沙拉油倒入鍋中以中火燒熱，再將 3～4 片作法 1 的豬肉擺入，接著不時移動，同時將兩面煎至上色。取出後再將 1/2 大匙沙拉油燒熱，剩餘的豬肉也照同作法煎熟。

3 將取出的豬肉倒回鍋中後熄火，再以畫圓方式倒入事先拌勻的材料 A（如圖），並加入生薑。開小火一邊煮滾一邊使豬肉沾裹上醬汁。盛盤，並搭配上高麗菜、番茄。

〔1 人份 460kcal　用時 20 分〕

滷豬肉 煮

表面煎至金黃色澤，連同油脂直接原鍋燉煮。
少量滷汁也能充分入味，燉煮出軟嫩口感。

材料 （容易製作／4人份）

豬肩里肌（塊）*… 約 500g
沙拉油 … 1/2 大匙
青蔥（蔥綠部分）… 5 ～ 6cm
薑皮 … 1 小塊的分量
酒 … 3 大匙
砂糖 … 2 大匙
醬油 … 3 大匙
細蔥（切成蔥花）… 3 根的分量
白芝麻 … 1/2 大匙

＊烤豬肉用的長條肉塊。

作法

1 豬肉在烹調前 30 分～ 1 小時
從冰箱取出回溫（參閱 P.90）。
沙拉油倒入鍋中燒熱再倒入豬肉
以稍強的中火油煎。待上色後翻
面，並在表面全部煎熟後熄火。

2 倒入酒、1 杯水後再次以稍強
的中火加熱，煮滾後加入青蔥、
薑皮，接著蓋上鍋蓋轉成小火
（如圖）。過程中翻面 2 ～ 3 次，
同時汆燙約 20 分鐘。

蓋上鍋蓋將熱氣鎖在鍋內，
並不時翻面使豬肉平均受熱。

3 加入砂糖、醬油，輕輕攪拌均
勻，接著蓋上鍋蓋煮 20 分鐘左
右，期間翻面 2 ～ 3 次。熄火，
並直接放著冷卻。

4 食用時再次以中火加熱至溫
燙。取出後切成方便食用的厚度
後盛盤，再撒上細蔥、白芝麻，
並淋上平底鍋內殘留的滷汁。

〔1 人份 360kcal　用時 50 分（不
包含豬肉回溫時間、滷豬肉冷卻
時間）〕

肉
豬肩里肌

保存 吃不完的話可連同滷汁一起裝入密封容器（或是夾鍊密
封袋）中，再放入冷凍保存，並在 3 ～ 4 天內食用完畢。

薑燒肉捲 煎

用豬肉包起薑絲的變化款薑燒豬肉料理。
清爽的生薑風味無所不在。

肉
豬腿肉

材料（2 人份）

豬腿肉（切成薄片）… 8 片（200g）
生薑 … 50g
高麗菜 … 1/8 個（150g）

A ┌ 醬油 … 2 大匙
  │ 酒 … 2 大匙
  │ 味醂 … 2 大匙
  └ 砂糖 … 1/2 大匙

太白粉 … 適量
沙拉油 … 1/2 大匙

作法

1 高麗菜切成方便食用的大小。
生薑切絲。材料 A 拌勻備用。

2 將 2 片豬肉略重疊後縱向排列
在砧板上，撒上少許太白粉，再
撒上 1/4 的生薑，然後從靠近自
己的這一側捲起（如圖）。剩餘
的豬肉也以同作法捲起，並在表
面撒上少許太白粉。

**2 片排成 1 組，
將薑絲包在裡面捲起來，
增加風味及分量。**

3 沙拉油倒入平底鍋中以中火燒
熱，再將作法 2 的肉捲末端朝下
擺入鍋中。接著一邊翻動一邊將
整個肉捲煎至上色，然後蓋上鍋
蓋以小火蒸烤約 5 分鐘。

4 暫時熄火，加入事先拌勻的
材料 A。接著再次以小火加熱，
然後一邊晃動平底鍋一邊將醬汁
沾裹上去。取出肉捲斜切對半後
盛盤，再淋上平底鍋中多餘的醬
汁，並配上高麗菜。

〔1 人份 310kcal　用時 20 分〕

清蒸甜蔬豬肉片  蒸

擺在上頭的豬肉釋放出鮮甜味後將融入蔬菜裡，使美味度倍增。
最後佐以柚子醋品嚐清爽好滋味。

.::材料::.（2 人份）

豬腿肉（切成薄片）… 150g
蕪菁 … 2 個
紅蘿蔔 …（小）1 根（150g）
青花菜 … 1/2 顆（150g）
酒 … 2 大匙
柚子醋醬油 … 適量

.::作法::.

1 蕪菁保留 3 ～ 4cm 的莖部後將葉片切除，去皮後再縱切成 4 等分月牙形。接著泡水 5 ～ 10 分鐘除去泥土再瀝乾。紅蘿蔔以削皮刀去皮，接著直接削成薄片。青花菜分切成小株。

2 將作法 1 的蔬菜擺入平底鍋中，上頭再整面鋪上豬肉。

<u>水從平底鍋的邊緣注入後會形成蒸氣，將肉及蔬菜蒸熟。</u>

3 將酒淋在肉的上頭，接著注入 1/2 杯水（如圖）。然後蓋上鍋蓋以中火加熱，煮滾後轉成小火，蒸 7 ～ 8 分鐘。盛盤，並搭配上柚子醋醬油。

〔1 人份 220kcal 用時 20 分〕

 肉 豬腿肉

肉
豬五花

串燒豬肉 煎

使用厚一點的燒肉用豬五花。
五花肉釋出油脂後即可煎至酥脆，與芥末醬的辣味十分對味。

材料 （2 人份）

豬五花（燒肉用）* … 12 片（200g）
沙拉油 … 少許
鹽 … 適量
芥末醬 … 適量

* 肉塊可切成 7 ～ 8mm 厚。

作法

1 豬肉分好，每 3 片串在竹籤上
（如圖）。

2 平底鍋塗上沙拉油後以中火燒
熱，再將作法 1 有間隔的擺入鍋
中。待油脂溶出後以廚房紙巾一
邊擦拭一邊煎 2 ～ 3 分鐘。翻面
後依照相同作法煎熟。

3 撒上少許鹽，翻面後一樣撒上
鹽。盛盤，並搭配上芥末醬。

〔1 人份 350kcal　用時 10 分〕

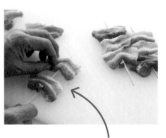

肉塊以橫向的方式從較厚
的中央部位串在竹籤上。

芝麻風味豬肉煎餅  煎

將豬肉塊疊起來增加分量感。
充分醃漬入味後撒上芝麻，即可煎出風味十足的肉餅。單用 1 種芝麻也很美味。

材料 （2 人份）

豬肉碎塊 … 200g

A
┌ 醬油 … 1 大匙
│ 麻油 … 2/3 大匙
│ 酒 … 1/2 大匙
│ 生薑（磨成泥）… 1/2 小匙
│ 蒜頭（磨成泥）… 少許
└ 胡椒 … 少許

白芝麻 … 1 大匙
黑芝麻 … 1 大匙
沙拉油 … 適量

作法

1 材料 A 倒入調理盆中混合均勻，再加入豬肉攪拌。接著分成 6 等分擺上砧板，用手按壓成直徑 5 ～ 6cm 的肉餅（如圖）。

肉塊分成一小堆一小堆後再用手壓平。

2 將 2 種芝麻混合均勻備用。把 1/2 的芝麻平均撒在作法 1 的豬肉單面上，用手輕輕按壓。

3 在平底鍋內塗上薄薄一層沙拉油後以中火燒熱，再將作法 2 有芝麻的那一面朝下，並保持間隔擺入鍋中。接著將剩餘的芝麻均勻撒上肉餅，同時用鍋鏟按壓約 2 分鐘，鍋鏟拿開後再以小火煎 2 ～ 3 分鐘。翻面後依照相同作法進行即可。

〔1 人份 390kcal　用時 15 分〕

雞肉燥蓋飯 煮

將粒粒入味的美味肉燥擺在白飯上。
保留肉汁拌飯來吃，保證一口接一口停不下來。

材料（2～3人份）

雞絞肉 … 300g

A
┌ 醬油 … 3～4大匙
│ 酒 … 2大匙
│ 味醂 … 2大匙
│ 砂糖 … 2大匙
└ 生薑（磨成泥）… 1小匙

白飯（溫熱狀態）… 約400g
細蔥（切成蔥花）… 4根
紅薑（市售／切絲）… 適量

作法

1 絞肉、材料A倒入小一點的平底鍋中，握住4根調理筷充分攪拌均勻（如圖）。

開火前先讓絞肉與調味料融合在一起。
用4根調理筷可迅速拌開來混合均勻。

2 加入1/2杯水充分拌勻，並以中火加熱。接著用4根調理筷不斷地攪拌所有食材，同時將絞肉煮成白白的肉燥狀態為止。然後蓋上鍋蓋以小火煮約10分鐘。

3 盛一碗白飯，再擺上作法2的雞肉燥，接著放上細蔥、紅薑。

〔1人份450kcal 用時35分〕

日式酸菜炒豬絞肉  炒

豬絞肉與醃芥菜的鮮甜味會令人不由自主地多吃好幾碗飯。
切成小丁的竹筍口感更叫人難以抵擋。

材料 （2人份）

豬絞肉 … 200g
醃芥菜 … 80g
水煮竹筍 … 100g
青蔥（切末）… 2大匙
沙拉油 … 1大匙
A ┌ 酒 … 1大匙
　└ 醬油 … 1小匙
白芝麻 … 1小匙

作法

1　竹筍切成 8mm 的小丁。醃芥菜切成 1cm 寬，葉片部分切成 1cm 的四方形。

2　沙拉油倒入平底鍋中以中火燒熱，再倒入絞肉炒至鬆散為止（如圖）。

3　加入青蔥、竹筍後炒約1分鐘，接著加入醃芥菜快速炒一下。然後加入材料 A 炒勻，並撒上芝麻拌勻。

〔1人份 320kcal　用時 15分〕

以木製鍋鏟按壓，
將肉塊壓散同時煎熟，
以釋放出香氣。

鹽燒、紅燒……，海鮮類的料理方式總是只能想到這幾種。
大家不妨參考一下作法簡單的平底鍋食譜，讓海鮮料理充滿更多變化吧！

魚
蛤蜊

酒蒸蛤蜊　蒸

用少量水分清蒸，將蛤蜊的鮮醇味完全保留下來，使料理風味更加濃厚。
蛤蜊打開後需立即熄火，蛤蜊才會顆顆飽滿。

材料 （2 人份）

蛤蜊（帶殼）… 400 ～ 500g
細蔥 … 2 根
鹽 … 適量
酒 … 2 大匙

作法

1 蛤蜊泡在海水濃度的鹽水裡
1 ～ 2 小時吐沙，再用蛤蜊互相
摩擦外殼清洗乾淨（參閱 P.90），
並將水分瀝乾。細蔥切成蔥花。

2 蛤蜊倒入平底鍋中，再撒上酒
（如圖），接著蓋上鍋蓋以中火
加熱，煮滾後轉成小火，蒸 2 ～
3 分鐘直到蛤蜊全部打開為止。
盛盤，並撒上細蔥。

用酒抑制蛤蜊的腥味，
並增加香氣及鮮甜味。

〔1 人份 30kcal　用時 10 分（不
包含蛤蜊吐沙的時間）〕

煎竹筴魚餅 煎

竹筴魚餅是將新鮮的竹筴魚剁碎後煎製而成,為千葉縣的鄉土料理。
用平底鍋煎至金黃色澤後,可以更加凸顯味噌的風味。

材料 （2 人份）
竹筴魚（生魚片用）*
　…6 片（3 尾／ 180g）
青蔥 … 5cm
生薑（磨成泥）… 1 小匙
味噌 … 1 又 1/2 大匙
沙拉油 … 1/2 大匙

＊片成三片後去骨去皮的整片魚肉。

作法

1 青蔥縱切成 4 等分,再從邊緣切成薄片。竹筴魚以廚房紙巾擦乾水分,先切成 1cm 寬,接著用菜刀大略剁碎,然後放青蔥、生薑、味噌繼續剁碎;不時用菜刀上下翻面,將全部食材混合均勻。

2 將作法 1 分成 6 等分,並捏成 7 ～ 8mm 厚的圓餅狀。

3 沙拉油倒入平底鍋以中火燒熱,再將作法 2 擺入鍋中。煎約 1 分鐘後轉成小火,接著繼續煎約 2 分鐘。待上色後翻面(如圖),再煎約 3 分鐘。

上色後就該翻面了。
請用鍋鏟翻面避免魚肉餅碎掉。

〔1 人份 170kcal　用時 15 分〕

魚
青花魚

炸竹筴魚

使用生魚片用的竹筴魚即可三兩下完成食材的事前處理。
沒有魚刺，可方便食用，再加上少了魚皮更能品嚐到爽口的好滋味。

材料 （2～3人份）

竹筴魚（生魚片用）*
　…6片（3尾／180g）
高麗菜 … 1/6個（200g）
番茄 … （小）1個
鹽、胡椒 … 各少許
麵粉、蛋液、麵包粉 … 各適量
沙拉油 … 適量
伍斯特醬（依個人喜好）… 適量

＊片成三片後去骨去皮的整片魚肉。

★ 170℃的辨識方式：將用水沾濕再擦乾
的調理筷伸進油鍋中會立刻出現細小油
泡的狀態（參閱 P.21）。

作法

1 高麗菜切絲、泡冷水增加爽脆
度，使用前將水分瀝乾。番茄縱
切對半後去蒂，再切成6等分的
半月形。

2 竹筴魚以廚房紙巾擦乾水分，
接著兩面撒上鹽及胡椒，然後沾
上薄薄一層麵粉，再裹上蛋液，
並撒上麵包粉。

3 將沙拉油倒入平底鍋中達2cm
高，再以中火加熱至170℃＊左
右，接著放入3片作法2（如圖）。
油炸約2分鐘後翻面，接著再炸
約1分鐘，炸至酥脆後取出瀝油。
殘留在炸油中的麵包粉用撈匙撈
除，剩下的竹筴魚再以相同作法
炸熟。

4 將作法1、作法3盛盤，並依
個人喜好淋上伍斯特醬。

〔1人份260kcal　用時20分〕

用手抓著尾部慢慢地放入鍋中。
使用調理筷容易滑落，
需特別留意。

鹽香花枝

透過鹽、胡椒及檸檬的風味,呈現出花枝單純的鮮美滋味。
除了檸檬之外,以醋橘或柚子取代也很美味。

材料 (2 人份)

花枝 … (小) 2 尾 (400g) *
沙拉油 … 2 大匙
鹽 … 1/4 ~ 1/3 小匙
胡椒 … 少許
檸檬 (切成半月形) … 2 片

* 已去除內臟,淨重 300g。

作法

1 花枝連同內臟將腳拔下來並去除軟骨,並用水洗淨。身體部位切成 1.5 ~ 2cm 的圓圈狀,腳的部位切除大吸盤及前端 1 ~ 2cm,再每 2 根腳分別切開(參閱 P.91)。

2 沙拉油倒入平底鍋以中火燒熱,花枝入鍋轉為稍強的中火炒約 1 分鐘(如圖)。待花枝變色後撒上鹽及胡椒。搭配切片檸檬裝盤。

〔1 人份 240kcal 用時 15 分〕

以稍強的火力快速拌炒可保留口感,注意變色後立即調味!

蒲燒沙丁魚

沙丁魚撒上太白粉煎熟後，再充分吸裹甜甜辣辣的醬汁。
如能使用事前處理好的沙丁魚，操作起來會更加簡便。

材料　（2 人份）

沙丁魚 … 4 尾（400g）
太白粉 … 適量
A
┌ 酒 … 2 大匙
│ 味醂 … 2 大匙
│ 醬油 … 2 大匙
│ 砂糖 … 1/2 大匙
└ 生薑（磨成泥）… 1 小匙
沙拉油 … 1 大匙
蘿蔔嬰 … 適量
七味唐辛子 … 少許

作法

1 沙丁魚去鱗後將頭部切除，再去除內臟並洗淨、擦乾水分。用手片開魚肉後去除中骨及腹骨（參閱 P.91），接著兩面撒上少許太白粉，輕輕拍打沾裹上薄薄一層太白粉即可。材料 A 事先均勻混合備用。

2 沙拉油倒入平底鍋中以中火燒熱，再將沙丁魚的魚肉部分朝下擺入鍋中（如圖）。煎 2 ～ 3 分鐘，待上色後以鍋鏟及調理筷翻面，接著繼續煎 2 ～ 3 分鐘。

3 將溶出的油脂以廚房紙巾擦掉，熄火後以畫圓方式淋上事先混合均勻的材料 A。接著以小火加熱，再用湯匙將湯汁舀起來淋上去，使所有食材都能入味。

4 將沙丁魚盛盤，並淋上殘留在平底鍋中的醬汁。搭配切除根部的蘿蔔嬰，並撒上七味唐辛子。

〔1 人份 330kcal　用時 15 分〕

先煎魚肉的部分，
這樣成品才會好看。

梅干沙丁魚

加入梅干一起煮可避免沙丁魚出現腥味，讓風味更清爽。
再將生薑切得粗一些，使口感豐富。

材料（2～3人份）

沙丁魚…6尾（600g）
梅干…3個（50g）
生薑…（大）1小塊

A ─ 酒…1/2 杯
　　 味醂…3 大匙
　　 醬油…2 大匙

作法

1 沙丁魚去鱗後切除頭部，再去除內臟後用水洗淨並擦乾（參閱 P.91），接著切成一半長度。

2 梅干用手將種籽取出，果肉輕輕壓碎。種籽事後也會用到，所以先留著備用。生薑充分洗淨後去皮，再切成 5mm 寬的細絲。薑皮留著備用。

3 將沙丁魚放進小一點的平底鍋中，再倒入生薑、薑皮、梅干、

梅干事先壓碎，味道才容易釋放。
種籽也一併加入鍋中
一點都不會浪費。

種籽、1/2 杯水、材料 A 以中火加熱（如圖）。煮滾後轉成小火再蓋上鍋蓋，不時淋上滷汁同時煮約 30 分鐘。除去薑皮、梅干種籽後盛盤。

〔1 人份 330kcal　用時 50 分〕

魚
沙丁魚

47

照燒旗魚 煎

味道清淡的旗魚最適合搭配生薑，烹調成甜甜辣辣的滋味。
作為配菜的蘆筍也能同鍋煎熟。

材料 （2人份）

旗魚（整片魚肉）
　　…2片（160～180g）
綠蘆筍…4根（120g）
太白粉…適量

A
┌ 酒…2大匙
│ 味醂…2大匙
│ 砂糖…1小匙
│ 薑汁…1小匙
└ 沙拉油…1大匙

作法

1　蘆筍稍微切除根部後將下半部的外皮削掉，再切成3～4等分。旗魚兩面撒上太白粉，再輕輕拍打僅留薄薄一層太白粉即可。材料A混合均勻備用。

2　沙拉油倒入平底鍋中以中火燒熱，再倒入作法1的旗魚及蘆筍。煎約2分鐘後翻面，然後蓋上鍋蓋（如圖）以小火蒸烤約1分鐘。

3　熄火後取出蘆筍，加入事先混合均勻的材料A，以小火加熱，然後一邊晃動平底鍋一邊沾裹上醬汁。盛盤，並搭配上蘆筍。

〔1人份 230kcal　用時10分〕

以中火煎至上色後
再以小火蒸烤，
接著加熱至熟透為止。

豆腐蒸鮭魚 ⬜蒸 🥄

將鮭魚擺在豆腐上蒸，藉由穩定加熱蒸煮出軟嫩口感。
鮭魚切成一半厚度，則可加快蒸熟的速度。

材料 （2人份）

生鮭魚（整片）… 2片（200g）

A ┌ 酒 … 1 大匙
　└ 鹽 … 少許

板豆腐 … 1 塊（300g）
生薑 … 1/2 小塊
青蔥 … 8cm
太白粉 … 少許
酒 … 2 大匙
柚子醋醬油 … 適量

作法

1 鮭魚用廚房紙巾擦乾水分，切成一半長度後再切成一半厚度，接著撒上材料 A 醃漬入味。豆腐切成一半長度，然後再切成一半厚度。生薑切絲。青蔥縱切對半，然後斜切成絲。

2 豆腐擦乾水分並撒上太白粉，接著分別疊上 2 片鮭魚，最上頭放生薑，接著用鍋鏟擺入鍋中（如圖）。

3 鮭魚淋上酒，並在鍋中空出來的地方加入 2 大匙水後蓋上鍋蓋，以中火加熱。煮滾後轉成小火，蒸約 10 分鐘。盛盤後擺上青蔥，並搭配上柚子醋醬油。

〔1 人份 260kcal　用時 20 分〕

用鍋鏟小心將豆腐擺入鍋中，
以免豆腐碎掉。

青花魚味噌煮 煮

想要凸顯青花魚的風味,切記應煮熟後再加味噌。
燉煮時避免上下翻面,才能維持魚皮的美麗外觀。

材料 (2 人份)

青花魚(整片)* … 2 片(200g)
珠蔥 … 100g
生薑(切成薄片)… 3 片
A ┌ 酒 … 2 大匙
　├ 味醂 … 2 大匙
　└ 砂糖 … 1/2 大匙
味噌 … 2 大匙

* 片成三片後的 1/2 尾整片魚肉(半尾)
再切成一半的魚肉片。

作法

1 青花魚用廚房紙巾擦乾水分,於魚皮上劃入 × 模樣的刀痕(參閱 P.90)。珠蔥切成 4cm 長,生薑切絲。

2 1/2 ～ 2/3 杯水倒入平底鍋中以中火加熱,煮滾後加入材料 A、生薑後拌勻。將青花魚的魚皮朝上各別擺入鍋中,再用湯匙淋上滷汁(如圖)。待表面變色後蓋上鍋蓋轉成小火,煮 8 ～ 10 分鐘。

3 味噌倒入小容器中,再加入少量滷汁溶解,接著倒入平底鍋中加熱。然後用湯匙淋上滷汁,並將珠蔥放入青花魚的周圍,再蓋上鍋蓋繼續煮約 3 分鐘。

〔1 人份 280kcal 　用時 20 分〕

淋上滷汁使魚皮表面也能受熱。避免翻面以免魚肉散開。

龍田風炸青花魚

龍田風炸物是先用醬油充分醃漬入味再下鍋油炸而成。
冷掉了也很好吃,推薦作為便當菜使用。

材料 (2 人份)

青花魚(整片)＊… 2 片(200g)

A ─ 醬油 … 1 大匙
　├ 酒 … 1/2 大匙
　└ 薑汁 … 1 小匙

太白粉 … 適量

沙拉油 … 適量

醋橘 … 1 個

＊片成三片後的 1/2 尾整片魚肉(半尾)
再切成一半的魚肉片。

★ 170℃的辨識方式:將用水沾濕再擦乾
的調理筷伸進油鍋中會立刻出現細小油
泡的狀態(參閱 P.21)。

作法

1 青花魚用廚房紙巾擦乾水分,
每隔 1cm 劃 1 條刀痕,劃入 2 條
刀痕後再片成 3cm 寬的魚肉片
(參閱 P.90)。材料 A 倒入調理
盆中混合均勻,再倒入青花魚用
手沾裹上醃料,接著靜置 10 ～
20 分鐘使之入味。

2 作法 1 用廚房紙巾包起來將水
分充分擦乾,接著撒上太白粉,
再輕輕拍打沾上薄薄一層太白粉
即可。

**油泡變少後將食材撈起時
感覺重量變輕即可。**

3 將沙拉油倒入平底鍋中達一
半高度為止,再以中火加熱至
170℃＊左右。接著用手分別將一
塊塊作法 2 小心地放入鍋中,不
時翻面炸 2 ～ 3 分鐘(如圖)。

4 取出放在鋪有吸油紙巾的方
盤上,再搭配橫切對半的醋橘盛
盤。

〔1 人份 300kcal　用時 35 分〕

珠蔥滷鰆魚  煮

鰆魚煮至軟嫩後吸飽滷汁大口享用。
大量珠蔥與又甜又辣的滷汁交織融合，美味無比。

魚
鰆
魚

材料（2人份）

鰆魚（整片）
　…2片（180～200g）
珠蔥…1把（150g）
生薑（切絲）
　…（小）1/2小塊的分量
A
　酒…2大匙
　味醂…2大匙
　醬油…2大匙
　砂糖…2小匙

作法

1 鰆魚用廚房紙巾擦乾後切半。珠蔥切成3～4cm長。
2 1/2杯水倒入平底鍋以中火加熱，煮滾後加入材料A、生薑後拌勻。第二次煮滾後鰆魚入鍋（如圖），然後用湯匙淋上滷汁，待表面變色後蓋上鍋蓋以小火煮約10分鐘。

3 將鰆魚往鍋邊靠，再倒入珠蔥並沾裹上滷汁，煮約3分鐘直到軟爛為止。將鰆魚搭配珠蔥盛盤，再淋剩餘的滷汁。

〔1人份260kcal　用時20分〕

滷汁的材料需在一開始便全部倒進鍋中。
煮滾後再加入鰆魚，這樣才不容易有腥味。

油煎味噌鰆魚  煎

用酒及味醂稀釋味噌，再加入生薑醃漬成風味美妙的味噌鰆魚。
透過保鮮膜包起來醃漬入味，以節省調味料的用量。

材料 （2人份）

鰆魚（整片）
　…2片（180～200g）
味噌醃料
┌ 味噌 … 3大匙
│ 味醂 … 1/2大匙
│ 酒 … 1小匙
│ 麻油 … 1小匙
│ 生薑（磨成泥）… 1/4小匙
└ 胡椒 … 少許
沙拉油 … 少許
番茄 … （小）1個

作法

1　鰆魚用廚房紙巾擦乾後切半長。味噌醃料的材料混合均勻。攤開保鮮膜，將1/2的味噌醃料薄薄地塗在中央，擺上鰆魚後再塗上剩餘的醃料，並用保鮮膜包起放入方盤裡，放置冰箱醃漬2小時以上（也可直接放在冰箱保存2天）。

2　鰆魚在烹調前從冰箱取出回溫30分鐘以上的時間，再以刀子等工具將味噌醃料刮除。在平底鍋內塗上薄薄一層沙拉油，並將鰆魚擺入鍋中，然後以中火加熱，

鰆魚放入鍋中後以中火加熱，然後在溫度拉高後改用小火蒸烤，才不容易燒焦。

煎30秒～1分鐘，待出現喊哩喊哩的聲響後轉成小火。接著蓋上鍋蓋煎約5分鐘（如圖）。

3　待上色後翻面，接著再次蓋上鍋蓋煎約5分鐘。打開鍋蓋轉成中火，並將魚皮朝下煎約1分鐘，使魚皮呈現金黃色澤。

4　番茄去蒂後切成月牙形。將作法3盛盤，並搭配上番茄。

〔1人份220kcal　用時15分（不包含醃漬鰆魚及回溫的時間）〕

魚
鰆魚

油煎梅干紫蘇鯛魚 煎

依序沾裹上梅肉、青紫蘇後下鍋油煎，品嚐清爽的鯛魚風味。
最適合用作宴客菜或便當菜。

魚
鯛魚

⋯材料⋯ （2人份）
鯛魚（整片）
　　⋯ 2 片（180～200g）
青紫蘇 ⋯ 10 片
梅干 ⋯ （大）1 個
酒 ⋯ 2/3 大匙
沙拉油 ⋯ 1/2 大匙

⋯作法⋯

1 鯛魚用紙巾擦乾，去除魚骨切半。青紫蘇切除葉梗，再縱切對半後切絲。梅干去籽剁碎。

2 將梅肉倒入調理盆中，再加入酒混合。接著加入鯛魚，然後一邊翻面一邊沾裹醃料。最後加入青紫蘇撒在表面。

3 沙拉油倒入平底鍋中以中火燒熱，再將作法 2 擺入鍋中，煎約 1 分鐘。接著轉成小火煎約 3 分

起初用中火，
接著改用小火慢慢加熱，
以免青紫蘇燒焦。

鐘後翻面（如圖），然後再煎 4～5 分鐘。

〔1 人份 150kcal　用時 15 分〕

魚
鯛魚

青蔥蒸鯛魚 蒸

少量材料即可輕鬆完成這道簡易的清蒸料理。
擺上大量青蔥可以增加香氣，還能避免鯛魚乾柴維持軟嫩口感。

撒上去的酒在蒸發後
可將鯛魚蒸熟，
增添風味。

材料 （2 人份）

鯛魚（整片）
　　… 2 片（180 ～ 200g）
A ┌鹽 … 1/4 小匙
　└酒 … 1 大匙
青蔥 … 4 根（80g）
生薑 … 1/2 小塊
酒 … 4 大匙

作法

1　鯛魚用廚房紙巾擦乾水分，再
於魚皮上縱向劃入 4 ～ 5 條刀痕。
依序撒上材料 A 沾裹在鯛魚上，
再靜置 5 ～ 8 分鐘。青蔥斜切成
薄片，生薑切絲，然後將青蔥與
生薑混合均勻。

2　作法 1 的鯛魚用廚房紙巾擦乾
水分，並將魚皮
朝上擺入平底鍋
中。接著將混合
均勻的青蔥及生
薑平均地擺在鯛
魚上（如圖）。

3　撒上酒（如圖），再蓋上鍋蓋
以中火加熱，煮滾後以小火蒸 7 ～
8 分鐘。

〔1 人份 150kcal　用時 20 分〕

55

章魚燒 ◌◌◌ 煎 🍳

就算沒有章魚燒模具，也能大啖章魚燒的好滋味。
外型雖然有些走樣，但是味道卻很實在。配料部分請依個人喜好自行搭配。

魚
章魚

材料（2 人份）

水煮章魚腳 … 150g
青蔥 … 15cm
紅薑（市售／切絲）… 15g
麵糊
┌ 雞蛋 … 1 個
│ 水 … 1/3 杯
│ 醬油 … 1 小匙
│ 鹽 … 1/2 小匙
└ 麵粉 … 1 杯
炸麵衣屑 … 3 大匙（10g）
沙拉油 … 1 大匙
伍斯特醬、美乃滋、柴魚片
　… 各適量

作法

1　章魚切成 8mm 的小丁。青蔥切成 2 ～ 3mm 的蔥花。紅薑切成 1cm 長。

2　雞蛋打入調理盆中打散，再加入 1/3 杯水後用打蛋器拌勻。接著混入醬油、鹽，再加入麵粉繼續攪拌。等到看不見粉類後加入作法 1、炸麵衣屑拌勻。

3　沙拉油倒入平底鍋中以中火燒熱，用湯匙分別舀取 1/8 分量的作法 2 倒入平底鍋中（如圖）。蓋上鍋蓋，轉成稍弱的中火煎約 3 分鐘。接著用鍋鏟小心地翻面，然後再蓋上鍋蓋煎約 3 分鐘。

4　盛盤，並依個人喜好撒上伍斯特醬、美乃滋、柴魚片。

〔1 人份 450kcal　用時 20 分〕

保持間隔以便煎熟，
並將麵糊堆高煎出章魚燒的樣子。

白蘿蔔滷鰤魚 煮

鰤魚與白蘿蔔十分對味。將白蘿蔔切得極薄,以便短時間煮熟。
切記按鰤魚及白蘿蔔的味道改變滷汁的濃度。

材料 (2 人份)

鰤魚(整片)… 2 片(200g)
白蘿蔔 … 約 12cm(400g)
生薑 … (小)1/2 小塊
A ┌ 水 … 3 大匙
  │ 醬油 … 2 又 1/2 大匙
  │ 酒 … 2 大匙
  │ 味醂 … 2 大匙
  └ 砂糖 … 1 大匙
高湯(參閱 P.6)… 1 杯

作法

1 鰤魚用紙巾擦乾,每 1 片再切成 3 等分。白蘿蔔用削皮刀去皮,接著縱向削成薄片。生薑切絲。

2 材料 A、生薑倒入平底鍋中以中火加熱,煮滾後將鰤魚倒入鍋中。接著用湯匙舀起滷汁淋在鰤魚上,待表面變色後蓋上鍋蓋,再以小火煮約 10 分鐘。

3 將鰤魚往鍋邊靠,注入高湯。接著以中火煮滾,然後在鍋中放入白蘿蔔(如圖),再拌勻使之吸附滷汁,煮至軟爛。

魚
鰤魚

切成薄片的白蘿蔔
容易入味,
所以滷汁需用高湯
稍微稀釋調整成
適當的濃度。

〔1 人份 360kcal 用時 25 分〕

干貝磯邊燒 ⬚⬚⬚ 煎 🍳

在海苔香及醬油香之後，
緊接著干貝的鮮甜味會在口中彌漫開來，最適合用作下酒菜。

干貝應趁熱撒上揉碎的海苔，
這樣才能緊密貼合。

材料 （2人份）

干貝（生魚片用）
　　…（大）6 個（200g）

A ⎡ 酒 … 1/2 大匙
　 ⎣ 醬油 … 2 小匙

烤海苔（整片）… 1 片
沙拉油 … 1 大匙

🐟
干
貝

作法

1　干貝用廚房紙巾擦乾水分。材料 A 倒入調理盆中混合均勻，再倒入干貝沾裹上醃料，靜置約 10 分鐘使之入味。

2　海苔折成 4 等分後放入乾燥的塑膠袋中，再從袋子上方揉碎後攤開在方盤中備用。

3　用廚房紙巾擦乾作法 1 的干貝濕氣。沙拉油倒入平底鍋中以中火燒熱，再將干貝擺入鍋中煎約 1 分鐘。翻面後再煎約 1 分鐘。取出後放入作法 2 的方盤裡，撒上揉碎的海苔（如圖）。

〔1 人份 160kcal　用時 15 分〕

照燒鮪魚  煎

鮪魚撒上太白粉後稍微煎一下，再淋上又甜又辣的醬汁。
這道料理可以滿足同時想吃美味照燒料理和生魚片者的口腹之欲。

材料 （2 人份）

鮪魚（生魚片用／瘦肉／魚肉塊）
　　… 200g
白蘿蔔 … 150g
太白粉 … 適量
A ┌ 味醂 … 2 大匙
　├ 醬油 … 1 又 1/2 大匙
　├ 酒 … 1 大匙
　└ 砂糖 … 1 小匙
沙拉油 … 1/2 大匙
山葵 … 少許

作法

1 白蘿蔔以切菜器（切絲用，或用菜刀）切成細絲，接著泡冷水約 5 分鐘增加爽脆度，然後放在濾網上瀝乾。鮪魚用紙巾擦乾，再撒上太白粉，並輕輕拍打沾上薄薄一層太白粉。

2 沙拉油倒入平底鍋中以中火燒熱，再將鮪魚放入鍋中煎 1 ～ 2 分鐘。待上色後用鍋鏟及調理筷翻面，接著繼續煎 1 ～ 2 分鐘。熄火，取出放在方盤上。

3 材料 A 倒入作法 2 的鍋中充分拌勻，再以小火加熱。待起泡後將作法 2 的鮪魚放回鍋中（如圖），並不時用湯匙淋上醬汁，使整個魚肉都沾上醬汁。

鮪魚煎好後先暫時取出，等醬汁煮滾後再放回鍋裡，使鮪魚維持三分熟的狀態。

4 取出鮪魚切成 1cm 寬。盛盤後搭配上白蘿蔔，再淋上殘留在平底鍋中的醬汁，並擺上山葵。

〔1 人份 220kcal　用時 15 分〕

玉子燒 ⋯⋯⋯ 煎

煎出厚度的秘訣在於使用小一點的平底鍋。
再用鍋鏟捲出玉子燒。

材料 （2人份）

雞蛋 … 3 個

A ┌ 砂糖 … 1 又 1/2 大匙
　├ 酒 … 1 大匙
　└ 醬油 … 少許

沙拉油 … 適量

作法

1 雞蛋打入調理盆中打散，再加入材料 A 拌勻。

2 在小一點的平底鍋內塗上薄薄一層沙拉油後以中火燒熱。接著倒入 1/3 分量的蛋液，並用調理筷將所有蛋液攪拌均勻。待表面呈現半生不熟的狀態後，用鍋鏟往自己的方向捲起來。

蛋液分 3 次倒入鍋中，
玉子燒才會愈來愈厚。

3 將玉子燒往另一側靠去，並在空地塗上薄層沙拉油。接著倒入剩餘 1/2 的蛋液（左側圖片），再將玉子燒抬高使蛋液流至下方（右側圖片），並同作法往自己的方向捲起。

魩仔魚細蔥玉子燒  煎

在蛋液裡加進餡料煎成不一樣的玉子燒。
魩仔魚乾的鹹味與鮮味正好取代調味料。

 蛋

4 剩餘的蛋液也依照相同作法倒入鍋中再捲起來，然後調整形狀煎至上色為止（如圖）。玉子燒走樣時，可取出趁熱用鋁箔紙包起來調整形狀，接著靜置一會。最後切成方便食用的大小。

〔1 人份 150kcal　用時 10 分〕

材料 （2 人份）

雞蛋 … 3 個
細蔥 … 4 根
魩仔魚乾 * … 2 大匙
酒 … 1 大匙
沙拉油 … 適量

*充分乾燥後質地堅硬的魩仔魚乾。

作法

1 細蔥切成蔥花。雞蛋打入調理盆中打散，接著倒入酒、魩仔魚乾、細蔥後拌勻。

2 依照「玉子燒」（參閱 P.60）的作法 2 ～作法 4 煎熟。接著切成方便食用的大小後盛盤。

〔1 人份 140kcal　用時 10 分〕

羊栖菜芽蛋餅  煎

使用小一點的平底鍋煎成厚厚的煎蛋。
煎蛋不加甜味，僅以醬油調味，並活用羊栖菜與青蔥的風味。

蓋上比平底鍋小一點的
平面鍋蓋再翻面。

 蛋

材料 （2人份）

雞蛋 … 3 個
羊栖菜芽（乾）* … 15g
青蔥 … 1/2 根
A ┌ 酒 … 1 大匙
  │ 醬油 … 1 小匙
  └ 鹽、胡椒 … 各少許
沙拉油 … 適量

＊普通的羊栖菜也無妨，但是使用
羊栖菜時需在泡發後切成 3cm 長。

作法

1 羊栖菜快速沖洗過，泡在水中
20 ～ 30 分鐘（或是參考包裝袋
標示）泡發，接著換水後稍微洗
淨再瀝乾。長蔥縱切對半，再從
邊緣切成薄片。雞蛋打入大一點
的調理盆中打散備用。

2 將 1/2 大匙沙拉油倒入小一點
的鍋中以中火燒熱，再倒入羊栖
菜迅速炒過，接著加入青蔥炒軟
再加入材料 A 拌勻，熄火後再加
作法 1 的蛋液。

3 將作法 2 的鍋快速洗淨後擦
乾，再用中火將 1 大匙沙拉油燒
熱，然後倒入作法 2 大動作拌
勻。煎至半生不熟狀態後蓋上鍋
蓋，再以稍弱中火煎 3 ～ 4 分鐘。
熄火，接著蓋上鍋蓋用手壓（如
圖），然後直接翻面再倒回鍋中。
再次以小火加熱，蓋上鍋蓋蒸烤
3 ～ 4 分鐘。最後切成方便食用
的大小盛盤。

〔 1 人份 220kcal　用時 40 分 〕

小黃瓜冬粉蛋捲 煎

倒入薄薄一層蛋液煎成薄蛋皮，作法簡單，只要掌握翻面技巧就能做出。
包入風味清爽的內餡，再配上充滿芥末風味的醬汁大口品嚐吧！

材料 （2人份）

薄蛋皮 *
- 雞蛋 … 2 個
- 鹽 … 少許
- 沙拉油 … 適量

冬粉（乾）… 30g
小黃瓜 … 1 根（100g）

醬汁
- 醋 … 2 大匙
- 醬油 … 1 又 1/2 大匙
- 砂糖 … 1 小匙
- 芥末醬 … 1 小匙

＊ 2 片的分量

蛋

作法

1 雞蛋打入調理盆中打散，加鹽拌勻，接著用濾茶網過篩（或是網目較細的網篩）後注入量杯中。在平底鍋內塗上薄薄一層沙拉油後以中火燒熱，接著倒入1/2 分量的蛋液，然後迅速轉動平底鍋，使蛋液薄薄地布滿整個鍋子，煎約 10 秒鐘直到邊緣部分變乾且稍微剝離為止。

2 離火，將調理筷伸進蛋液底下（左側圖片），接著直接提起蛋皮。然後將平底鍋靠近自己的一側抬高，同時小心地將蛋皮翻面（右側圖片）。接著再次以中火

轉動調理筷，同時小心地伸進蛋皮底下，才不容易弄破蛋皮。然後直接提起蛋皮再翻面。

加熱煎 3 ～ 4 秒鐘，取出蛋皮後放在乾燥的砧板上。接下來將剩餘蛋液依照相同作法煎熟。

3 平底鍋洗淨後燒熱水，放入冬粉燙 2 ～ 3 分鐘，然後放在濾網上將水分濾乾，待冷卻後切成方便食用的長度。小黃瓜斜切成 2 ～ 3mm 寬的細絲。再將冬粉與小黃瓜混合均勻。

4 攤開 1 片薄蛋皮，橫向長長地擺上 1/2 分量的作法 3，再一圈圈捲起來。剩餘材料也依照相同作法捲成蛋捲。接著切成方便食用的長度後盛盤，並將醬汁的材料混合均勻搭配食用。

〔1 人份 170kcal　用時 20 分〕

涼拌蛋鬆甜豆佐甜醋  炒

帶著淡淡甜味的炒蛋與甜醋的酸味十分合拍。
甜豆略燙即可呈現鮮豔色澤及爽脆口感。

材料 （2 人份）

雞蛋 … 2 個

A
- 酒 … 1 大匙
- 味醂 … 1 大匙
- 砂糖 … 1/2 大匙
- 鹽 … 少許

甜豆 … 10 〜 11 個（100g）
鹽 … 1/3 小匙

甜醋
- 醋 … 3 大匙
- 水 … 2 大匙
- 砂糖 … 1 小匙
- 鹽 … 1/5 小匙

作法

1 甜豆去蒂及兩側粗絲。將 3 杯熱水倒入小一點的平底鍋中煮沸後加入鹽，再加入甜豆燙約 1 分 30 秒鐘，接著放在濾網上冷卻，然後切成 3 等分長。

2 雞蛋打入調理盆中打散，再加入材料 A 拌勻。作法 1 的平底鍋快速洗淨後將水分擦乾。蛋液倒入鍋中後以中火加熱，待凝固後轉成小火，接著握住 4 根調理筷持續攪拌（如圖），同時加熱至鬆散為止。取出後放涼。

邊緣開始凝固後，
用 4 根調理筷攪拌成鬆散狀。

3 甜醋的材料倒入大一點的調理盆中混合，再加入作法 1、作法 2 翻切涼拌。

〔1 人份 130kcal　用時 20 分〕

滑蛋荷蘭豆竹筍小魚乾  煮

想要烹調出鬆軟柔嫩的滑蛋，秘訣在於蛋液略微打散即可，才能保留蛋筋。
再透過淡口味的滷汁將食材及雞蛋的風味凸顯出來。

材料 （2 人份）

雞蛋 … 3 個
荷蘭豆 … 12 ～ 13 片（30g）
水煮竹筍 … （小）1 個（150g）
鹽 … 1/3 小匙
小魚乾 * … 4 大匙
高湯（參閱 P.60）… 1/2 杯

A ┌ 味醂 … 2 大匙
  │ 酒 … 1 大匙
  │ 醬油 … 1/2 小匙
  └ 鹽 … 1/4 小匙

* 軟一點的小魚乾。

作法

1 竹筍縱切對半，根部 2 ～ 3cm 切成薄薄的半月形，剩餘部分縱切成薄片。荷蘭豆去蒂及粗絲。將 3 杯熱水倒入小一點的平底鍋中煮沸後加鹽，放入荷蘭豆汆燙一下，接著置於濾網上。

2 將作法 1 的平底鍋快速洗淨，再將高湯倒入鍋中以中火加熱。煮滾後依序加入材料 A 拌勻，接著放入竹筍後蓋上鍋蓋，以小火煮 6 ～ 8 分鐘。然後混和小魚乾、荷蘭豆稍微拌勻。

3 雞蛋稍微打散，以畫圓方式倒入約 1/2 分量（如圖），再蓋上鍋蓋煮 1 ～ 2 分鐘。

4 待邊緣部分開始凝固後，將剩餘蛋液依照相同作法以畫圓方式倒入鍋中。接著蓋上鍋蓋煮約 30 秒鐘後熄火，然後直接靜置 30 秒～ 1 分鐘，利用餘溫加熱至半生不熟的狀態。

〔1 人份 190kcal 用時 20 分〕

透過調理筷從中心部位往外側以畫圓方式將蛋液倒入鍋中。

豆腐等大豆製品是和食一定會使用到的食材。由於容易烹煮，
因此用平底鍋三兩下就能完成的食譜非常多種。大家不妨來挑戰看看各種料理方式！

豆
嫩豆腐

肉豆腐　〔煮〕

平底鍋為寬口設計，烹調時食材不會疊放在一起，
因此柔軟的嫩豆腐可維持完整外觀而不會碎裂。
豆腐無須瀝水，且可善用內含水分將料理煮熟。

材料 （2 人份）

嫩豆腐 … 1 塊（300g）
牛肉片 … 150g
金針菇 … 1 袋（100g）
生薑 … （小）1/3 小塊
珠蔥 … 100g
沙拉油 … 1/2 大匙
酒 … 2 大匙

A ┌ 味醂 … 2 大匙
　├ 砂糖 … 1/2 大匙
　└ 醬油 … 2 大匙

作法

1 豆腐切成 8 等分。金針菇切除尾部後用手撕開。生薑切絲。珠蔥切成 3cm 長，然後分成根部及尾部。

2 沙拉油倒入平底鍋中以中火燒熱，牛肉入鍋炒散。待肉變色後加入生薑拌炒一下，再加入酒、1 杯水。煮滾後依序加入材料 A 拌勻，放入金針菇。再次煮滾後轉成小火，然後蓋上鍋蓋煮約 8 分鐘。

攪拌容易造成豆腐碎裂，因此在煮豆腐的同時須用湯匙將滷汁淋在豆腐上。

3 將牛肉移至鍋邊，空出位置，然後將豆腐用鍋鏟小心地放入鍋中。加入珠蔥的根部，再將滷汁淋在豆腐上（如圖）蓋上鍋蓋。煮 5 ～ 6 分鐘，且別忘不時開蓋澆滷汁。最後加入珠蔥的尾部，煮約 1 分鐘直到軟爛為止。

〔1 人份 430kcal　用時 25 分〕

豆腐鱈魚卵燉菜

豆腐煮至溫熱後取出，最後淋上勾芡的滷汁即可。
鱈魚卵的柔和鹹味覆蓋在豆腐上，令人垂涎。

材料 （2人份）

嫩豆腐 … 1 塊（300g）
鱈魚卵 … （大）1/2 付（50g）
蘿蔔嬰 … 1/2 盒
A ┌ 酒 … 1 大匙
　└ 鹽 … 1/5 ～ 1/4 小匙
太白粉水
┌ 太白粉 … 1 小匙
└ 水 … 2 小匙

作法

1 豆腐切成 6 等分。鱈魚卵在外皮劃入刀痕後將魚卵取出。蘿蔔嬰切除根部，再切成一半長度。太白粉水拌勻備用。

2 將 1 杯水倒入小平底鍋中以中火加熱，煮滾後再加入鱈魚卵攪散。待鱈魚卵變色後加入材料 A 拌勻，接著放入豆腐。轉成小火煮 2 ～ 3 分鐘，待豆腐溫熱後熄火，取出盛盤。

3 蘿蔔嬰倒入剩餘的滷汁中，再次以中火加熱。煮滾後將太白粉水以畫圓方式倒入鍋中攪拌。最後淋在作法 2 的豆腐上。

〔1 人份 130kcal　用時 15 分〕

煎豆腐肉捲

豆腐想要煎出金黃色澤，第一步就是將水分充分瀝乾。
豬五花的焦香味加上豆腐的鮮甜味，讓滋味倍增。

豆
板豆腐

材料 （2 人份）

板豆腐 … 1 塊（300g）
豬五花（薄片）… 8 片（約 160g）
茄子 … 2 個（160g）
沙拉油 … 少許
白蘿蔔（磨成泥）… 200g
柚子醋醬油 … 適量

作法

1 豆腐置於方盤再擺上一個方盤重壓，靜置約 20 分鐘瀝乾（如圖）。

2 豆腐橫放在切菜板上，再從邊緣切成 8 等分。1 塊豆腐分別用 1 片豬肉鬆鬆地捲起來（如圖）。茄子切除蒂頭，再切成半長，然後切成四塊。

捲得太緊在油煎時肉一收縮就會變形，所以鬆鬆地捲起即可。

3 平底鍋塗上沙拉油後以中火加熱，再將作法 2 的豆腐肉捲末端朝下擺入鍋中。鍋子空位放入茄子，煎約 3 分鐘，翻面後再油煎約 3 分鐘。

4 將作法 3 盛盤，擺上稍微瀝乾水分的白蘿蔔泥，並淋上柚子醋醬油。

〔1 人份 480kcal　用時 35 分〕

烤豆腐  煎

外酥內嫩，超級美味。
只需用平底鍋油煎表面，即可使平凡的板豆腐增添嶄新魅力。

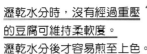 材料（2 人份）

板豆腐 … 1 塊（300g）
生薑（磨成泥）… 1～2 小匙
青蔥 … 5cm
青紫蘇 … 4 片
沙拉油 … 1/2 大匙
醬油 … 適量

作法

1 豆腐倒入方盤靜置 20 分鐘將水分瀝乾（如圖），接著切成 6 等分，然後用廚房紙巾將水分擦乾。青蔥切成薄片蔥花，青紫蘇切除葉梗後縱切成 3 等分，然後疊起來切絲。

2 沙拉油倒入平底鍋中以中火燒熱，再將豆腐擺入鍋中。煎約 3 分鐘，待上色後用鍋鏟翻面，各面分別煎 2～3 分鐘。

3 將作法 2 盛盤，再擺上青蔥、青紫蘇、生薑，並依個人喜好淋上適量醬油。

〔1 人份 150kcal　用時 30 分〕

瀝乾水分時，沒有經過重壓的豆腐可維持柔軟度。
瀝乾水分後才容易煎至上色。

豆
板豆腐

韭菜炒豆腐 〔煎〕

豆腐汆燙後將水分瀝乾再下鍋炒，即可呈現爽口香酥的滋味。
柴魚片分 2 次加入鍋中，使鮮味及香氣徹底發揮出來。

材料 （2 人份）

板豆腐 … 1 塊（300g）
韭菜 … 1/2 把（50g）
洋蔥 … 1/2 個（100g）
麻油 … 1 大匙
柴魚片 … 5g

A
┌ 酒 … 1/2 大匙
│ 醬油 … 1/2 小匙
│ 鹽 … 1/3 小匙
└ 胡椒 … 少許

作法

1 豆腐用手撕成 10 ～ 12 等分。
將 5 ～ 6 杯熱水倒入平底鍋煮沸，
放進豆腐燙約 1 分鐘，接著置於
濾網，靜置至冷卻為止，並將水
分充分瀝乾。韭菜切成 3cm 長。
洋蔥沿著纖維切成 5mm 寬。

2 麻油倒入平底鍋以中火燒熱，
豆腐放進鍋中拌炒。待上色後加
入洋蔥，並炒至洋蔥變軟為止
（如圖）。

3 加入 1/2 分量的柴魚片略炒，
再加入材料 A 混合。最後加入韭
菜拌炒一下。盛盤，並撒上剩餘
的柴魚片。

〔1 人份 200kcal　用時 30 分〕

<u>豆腐需仔細炒至上色，這樣才能
釋放出香氣，使美味度倍增。</u>

豆腐蒸蝦 ▨▨蒸

鮮蝦剁碎後與豆腐拌勻，再連同容器放入平底鍋中清蒸。
鮮蝦的甜味一點一滴滲入清淡的豆腐中，交織出鮮甜香嫩的好味道。

⋯材料⋯（2 人份）

板豆腐 …（大）1/2 塊（200g）
蝦仁 … 80g
鴻喜菇 … 1/2 包（50g）

A
┌ 酒 … 1/2 大匙
│ 鹽 … 1/4 小匙
│ 醬油 … 少許
└ 太白粉 … 1 小匙

生薑（磨成泥）… 少許

⋯作法⋯

1 鮮蝦若有腸泥請去除，用水洗淨後將水分擦乾。預留 2 尾作為裝飾用，其餘切成 1cm 寬並剁碎。鴻喜菇去除根部再切成一半長度，然後用手撕開。

2 豆腐倒入調理鍋中用手捏碎，再依序加入材料 A 後充分混合均勻。接著放入作法 1 中已剁碎的鮮蝦、鴻喜菇再次混合均勻，然後分成 2 等分後大略整圓。放入 2 個耐熱容器中，再擺上裝飾用的鮮蝦。

蒸氣溫度極高，應先熄火後再放入鍋中。接著馬上蓋上鍋蓋，然後開中火煮滾蒸熟。

3 將水倒入平底鍋中達鍋沿一半高度，以稍強中火煮滾。接著暫時熄火將作法 2 擺入（如圖），然後蓋上鍋蓋，以中火蒸約 10 分鐘。取出後擺上薑泥。

〔1 人份 120kcal　用時 30 分〕

油豆腐鑲蛋  煎

生蛋裝入油豆腐中，再用平底鍋兩面煎熟。
閃耀光澤的醬汁融入油豆腐後，即可美味品嚐。

材料 （2人份）

油豆腐＊…2片
雞蛋…4個
糯米椒…6個

A ┌ 酒…2大匙
  │ 味醂…2大匙
  │ 醬油…1又1/2大匙
  └ 砂糖…1/2大匙

＊最好準備薄片且水分較多的油豆腐。

作法

1 油豆腐切成半長，再從切口處剝開成袋狀。先將1顆雞蛋打入小容器中，再倒入分切好的1塊油豆腐中。可將小調理盆擺在油豆腐下方以便填裝。開口以牙籤像縫衣服一樣封口。剩餘的油豆腐作法相同。

2 材料A事先混合均勻備用。作法1的開口朝向平底鍋的外側放入鍋中（如圖），再蓋上鍋蓋以中火加熱，煎約3分鐘。

3 待上色後翻面再放入糯米椒，接著蓋上鍋蓋轉成稍弱的中火，一邊翻動糯米椒一邊煎約3分鐘。熄火後取出糯米椒，再以畫圓方式倒入混合均勻的材料A。接著以小火加熱，然後一邊將食材吸附醬汁，一邊收乾醬汁至出現光澤為止。

4 取出後拔掉牙籤，依個人喜好分切盛盤，再淋上殘留在平底鍋中的醬汁，並搭配糯米椒。

〔1人份320kcal 用時20分〕

油豆腐內含油脂，因此無須另外加油。且封口需朝外，蛋液才不易流出。

秋葵油豆腐清湯

厚片油豆腐去油並將秋葵汆燙後再煮。
細心完成分部處理，正是美味的秘訣。

材料 （2～3人份）

厚片油豆腐 … 1 片
秋葵 … 8～10 根
鹽 … 少許

A ┌ 水＊… 2 杯
│ 昆布（5cm 的四方形）
│ … 1 片
│ 柴魚片
│ （裝入沖茶袋中／
└ 參閱 P.11）… 10g

B ┌ 味醂 … 3 大匙
│ 醬油 … 1/2 小匙
└ 鹽 … 1/2 小匙

＊或是高湯（參閱 P.6）。

作法

1 秋葵剝除花萼，撒鹽後揉一揉。3 杯水倒入小一點的平底鍋中煮沸，再放入厚片油豆腐燙約 1 分鐘，拿出置於濾網。含鹽的秋葵直接倒入同一鍋熱水中汆燙一下，然後放在濾網上將水分瀝乾。待厚片油豆腐稍微放涼後切成 8 等分。

2 將作法 1 的平底鍋快速洗淨，倒入材料 A 後以中火加熱。待煮滾後加入材料 B 拌勻，再倒入厚片油豆腐。再次煮滾後蓋上鍋蓋以小火煮約 5～6 分鐘，然後加入秋葵煮約 1 分鐘。接著撈除昆布、柴魚片後盛盤。

〔1 人份 140kcal　用時 20 分〕

豆 油豆腐厚片／大豆

味噌炒大豆絞肉

在口感鬆軟的大豆裡加進肉的濃郁風味、味噌的香氣以及青蔥的辛辣，配上白飯一口口細細享用。

材料 （2人份）

大豆
（罐裝產品／調理包＊）
… 1 罐（140g）
豬絞肉 … 80g
青蔥 … 1/2 根
沙拉油 … 1/2 大匙
味噌 … 1 又 1/2 大匙

A ┌ 酒 … 1 大匙
└ 砂糖 … 1 小匙

＊買不到罐裝大豆可使用水煮罐頭，但需將湯汁瀝乾後再使用。

作法

1 青蔥切成 1cm 寬的蔥花。沙拉油倒入平底鍋中以中火燒熱，再倒入絞肉充分炒至鬆散、變色。再加入大豆炒 1～2 分鐘。

2 加入味噌並與食材混合均勻。待味噌融入食材後，再加入青蔥拌炒。等青蔥炒軟後，放入材料 A 提味。

〔1 人份 280kcal　用時 15 分〕